CONSEIL MUNICIPAL DE STRASBOURG.

RAPPORT DU MAIRE

SUR L'ÉTABLISSEMENT

D'UNE COLONIE AGRICOLE

A OSTWALD.

STRASBOURG,

DE L'IMPRIMERIE DE V.ᵉ BERGER-LEVRAULT,

rue des Juifs, 33.

1841.

RAPPORT DU MAIRE

Sur l'établissement d'une colonie agricole
à Ostwald.

Messieurs,

« Vous avez accueilli à l'unanimité, il y a un an, ma proposition de fonder à Ostwald une colonie agricole, destinée à remplacer la maison de refuge actuelle. Les principales difficultés qui s'opposaient à l'exécution de ce projet sont surmontées, le Ministre a approuvé la fondation de cet établissement, l'ordonnance de défrichement est rendue, les coupes sont adjugées, enfin je crois pouvoir compter sur l'appui bienveillant de l'Administration supérieure, et recevoir sans retard les autorisations nécessaires pour les constructions. En m'adressant de nouveau à vous, Messieurs, je sais que votre concours ne me manquera point pour mener à bonne fin l'œuvre commencée.

« Votre dernier vote vous a été inspiré par les considérations de l'ordre le plus élevé; elles ont aujourd'hui la valeur qu'elles avaient hier, et je me plais à croire que les nouveaux membres qui siégent parmi nous s'associeront tous aux vues de leurs prédécesseurs. Les avantages financiers de l'opération, quelque considérables qu'ils fussent, vous ont paru secondaires ; ce fut surtout la portée morale de la question qui a frappé vos esprits.

« La forêt d'Ostwald donnait à la caisse communale un revenu brut de 1300 francs environ. En déduisant les frais de garde et les impositions, le revenu net se réduisait à quelques centaines de francs.

« Le produit des coupes et cession de terrains tombés dans la tranchée du chemin de fer de Strasbourg à Bâle, s'élève à un capital de plus de 95,000 francs; le placement de cette somme donnerait à lui seul un revenu décuple de celui que produisait la forêt, tandis que la location morcelée des terrains déboisés produirait un fermage annuel de 12,000 fr., qu'un renouvellement de bail porterait certainement plus haut. Un tel résultat peut faire naître des doutes sur les avantages de la tutelle que subissent les communes dans l'administration de leur fortune patrimoniale, et sur la nécessité de conserver dans des vues d'intérêt général toutes les propriétés forestières sans distinction, celles de plaine comme celles de montagne, fussent-elles même sans produit, tandis qu'en donnant à celles qui sont peu productives une destination différente, la richesse communale, élément important de la richesse nationale, recevrait une augmentation considérable.

« Du point de vue financier vous avez fait une excellente affaire. Le résultat obtenu par le défrichement suffirait pour couvrir les dépenses émargées dans vos budgets antérieurs pour l'entretien de la maison de refuge actuelle. Cette situation a cela de bon, qu'elle est de nature à rassurer les esprits les plus timides. Le doute s'attache naturellement à toute innovation : tantôt c'est la prudence, tantôt c'est l'esprit de routine qui l'inspire. Je m'estime heureux que l'innovation que j'ai proposée serve les intérêts de la commune, quoi qu'il arrive ; mais, je le répète, c'est le côté moral et non le côté financier de la question auquel vous vous êtes principalement attachés. Vous avez voulu faire mieux qu'une bonne affaire, vous avez voulu faire une bonne œuvre, et tenter l'application de quelques principes économiques, qui, en raison de leur importance, méritent d'être mis à l'épreuve.

« Il vaut mieux offrir du travail aux malheureux qui en manquent, que de leur faire une aumône toujours avilissante ; c'est incontestable. Mais pour que le travail offert soit propre à relever ceux qui s'y livrent, de l'état de dégradation dans lequel ils sont tombés, il faut qu'il y ait quelque attrait, qu'il soit varié et attachant par ses résultats. L'influence heureuse que les travaux agricoles exercent sur le moral et sur le physique de l'homme, est un fait reconnu. Les résultats qui ont été obtenus dans la colonie de *Mettraye*, fondée dans l'intérêt des jeunes détenus déclarés avoir agi sans discernement, ont confirmé la justesse de cette observation ; j'espère qu'elle trouvera une nouvelle confirmation par l'essai que nous tentons. Ce n'est pas que je me dissimule les difficultés d'exécution. La résistance que nous rencontrerons dans les vices et dans la paresse des colons est un obstacle qu'il ne faut espérer vaincre que par une action lente et continue; aucun moyen ne doit être négligé pour arriver à cette fin. La position de chaque colon devra s'améliorer, et son salaire augmenter en raison de son travail et de sa bonne conduite; ceux qui auront mérité cette faveur devront être associés aux bénéfices de l'exploitation en raison de leur classement. Le désir de s'assurer une meilleure nourriture, quelques jouissances, un salaire plus élevé, enfin une part proportionnelle dans les bénéfices de l'exploitation, aidera à combattre les penchants vicieux des colons et leur fera contracter des habitudes d'ordre et de travail.

« Il faut rendre leurs travaux aussi attrayants que possible, afin que ces hommes trouvent du plaisir dans leurs occupations, s'y attachent et s'y livrent avec ardeur, je dirai même avec la passion qu'on apporte aux travaux que l'on aime. Des mesures de discipline intérieure, d'éducation religieuse et morale dont les détails ne sauraient être discutés en ce moment, devront se combiner avec un système d'excitation et d'émulation réciproques. Il s'agit non-seulement de loger et de nourrir des malheureux, mais de retremper leur moral, d'en faire des hommes propres à reprendre dans l'état social une position utile.

« Nous vivons à une époque où l'on ne croit guère aux solutions théoriques des questions sociales. Mais la puissance des faits ne saurait être contestée. C'est donc sur le terrain de l'expérience pratique qu'il faut placer la question du paupérisme, c'est là qu'il faut l'attaquer, et, s'il est possible, la résoudre. Telle fut ma pensée et la vôtre. Il ne s'agit pas ici d'une simple question de localité, ni d'un intérêt purement communal qui, quelque minime qu'il soit, a toujours droit à toute notre sollicitude ; si je ne me trompe, il s'agit de prouver par le fait, que les moyens ne manquent point pour combattre dans son principe le paupérisme ; d'établir qu'il n'est pas si difficile de porter remède à ce mal social qui surgit avec une puissance croissante du sein de notre civilisation. La plupart des communes de France se trouvent dans les mêmes conditions que nous. Les domaines improductifs ne manquent point ; chaque département en renferme plus qu'il n'en faudrait pour offrir un travail productif aux pauvres. Un système de colonisation communale est donc possible ; il est conciliable avec l'obligation à imposer à chaque commune de pourvoir aux besoins de ses pauvres. L'exécution de cette pensée vaudrait infiniment mieux que la taxe des pauvres que subissent de fait toutes les communes sous des formes plus ou moins déguisées. Au lieu d'opérer par voie d'accroissement de charges, on opérerait par voie d'accroissement de richesse, au lieu de développer la paresse, on développerait le travail ; enfin, à l'impuissance d'une charité individuelle on substituerait la puissance du principe de l'association, qui seul peut guérir les maux que le principe contraire aura produits. Une telle pensée est bien plus dans l'esprit généreux de notre civilisation nationale, qui repoussera toujours les *Werckhouse* de l'Angleterre comme elle a repoussé les principes dont ces tristes expédients ne sont qu'une déplorable conséquence. L'initiative et la solution de ces questions d'une nature toute locale, appartiennent de fait et de droit aux administrations communales. Je suis profondément pénétré de l'importance de l'initiative que j'ai prise dans cette question. Pour avoir raison, il faut réussir.

« J'ai réuni la commission que vous avez nommée par votre délibération du 23 décembre 1839; j'ai discuté avec elle les différentes questions que je vais avoir l'honneur de vous soumettre. Elle a été unanime sur les solutions qu'elles devaient recevoir.

« Il fallait avant tout se fixer sur le caractère légal de la colonie agricole d'Ostwald.

« L'article 274 du Code pénal s'exprime en ces termes : « Toute personne qui aura été trouvée men-« diant dans un lieu pour lequel il existera un *éta-« blissement public* organisé, afin d'obvier à la men-« dicité, sera punie de trois à six mois d'emprison-« nement, etc. »

« L'article 275 porte : « Dans les lieux où il n'existe « point encore de tels établissements, les mendiants « d'habitude, valides, seront punis d'un mois à trois « mois d'emprisonnement. »

« Le décret du 5 juillet 1808 a déterminé les conditions relatives à l'établissement des dépôts de mendicité, seuls considérés par la jurisprudence comme établissements publics organisés dans le sens légal. En assimilant la colonie agricole d'Ostwald à un dépôt de mendicité, elle deviendrait de fait et de droit un établissement départemental. Le bénéfice plus que douteux des dispositions de l'article 274 du Code pénal ne vous paraîtra certainement point un motif suffisant pour enlever à cet établissement son caractère communal. Il y a toujours quelque danger à affecter les propriétés et les ressources d'une commune à des établissements qui ne sont point exclusivement placés sous l'autorité de son administration. Je vous propose de conserver à la colonie d'Ostwald le caractère communal d'une simple maison de refuge.

« Entre un état de choses qui doit finir et un nouvel état à fonder se placent nécessairement certaines mesures de transition. Je fixerai un instant votre attention sur celles qui me paraissent indispensables.

« La vidange des coupes adjugées ne s'effectuera qu'à la fin du mois de mai. On ne pourra défricher que dans le courant de l'été. Les terrains déboisés et en nature de vaine pâture sont seuls susceptibles d'une culture immédiate. Indépendamment du défrichement, il y a des nivellements à faire. En poussant les travaux avec la plus grande activité, on ne peut obtenir la première récolte qu'en automne 1842. Il faut donc pourvoir jusque-là aux frais d'administration et d'entretien de la colonie, et maintenir dans vos budgets l'allocation d'un crédit de

14,000 francs, émargés jusqu'ici comme *subvention
à la maison de refuge.*

«La vente de bois et la cession de terrains ont
produit 95,386 francs 33 centimes. Nous restons
ainsi de plus de 30,000 francs au-dessous de l'éva-
luation primitive des experts. Le chiffre disponible
pour les constructions ne s'élève plus guère au-
dessus de 72,000 francs; le reste sera absorbé par
l'achat du mobilier et des bestiaux qui devront garnir la ferme. Voulant me renfermer dans le chiffre
déterminé par l'adjudication, j'ai cherché les moyens
les moins dispendieux pour exécuter d'une manière
convenable les constructions reconnues nécessaires.
En construisant en briques ou même en moellons,
je dépassais la mesure du crédit. J'espérais trouver
une économie suffisante en faisant fabriquer les briques sur place d'après le procédé hollandais, ainsi
que le gouvernement badois l'a fait pour la construction de l'hospice des aliénés à Achern; mais
le devis dépassait encore les sommes dont je pou-
vais disposer. Je me suis arrêté enfin au système
adopté avec succès dans quelques comtés de l'Angleterre. Il consiste à couvrir les charpentes avec
des voliges de peu de largeur et superposées les unes
sur les autres à peu près comme le bordage de nos
bateaux du Rhin, en murant l'intérieur avec des
briques séchées et récrépies. Il faut renoncer à la
construction d'une chapelle, mais la proximité de
villages de divers cultes permettra aux colons de
les fréquenter, tandis que les salles de l'établissement
serviront à l'instruction et aux lectures.

« Voici le plan général de l'établissement, ainsi que le relevé et le devis des constructions à effectuer.

« L'ensemble des bâtiments et des cours serait placé à peu près au milieu de la propriété, qui en est aussi l'endroit le plus élevé ; le côté principal serait tourné vers le chemin de fer.

« Les diverses parties de ce projet sont :

« 1.° Un bâtiment d'économat, composé d'un pavillon du milieu et de deux ailes. Il renferme un grand vestibule servant aussi de commun et de salle à manger pour les domestiques et gens de service salariés, le bureau de l'économe, une grande cuisine avec four et chaudière de bain, un garde-manger, trois cabinets de bains et deux grandes salles à manger, l'une pour les colons hommes et l'autre pour les colons femmes.

« Le rez-de-chaussée est projeté un mètre au-dessus du sol.

« La cave s'étendra sous tout le bâtiment et servira à conserver les légumes, les vins et les divers autres produits. L'entrée principale de la cave sera sous le perron de la cuisine.

« Au premier étage, il y aura quatre pièces pour le logement de l'économe, et une grande pièce pour lingerie et dépôt d'habillements.

« Contre cette pièce se trouveront deux greniers aux-dessus des deux ailes.

« Le pavillon du milieu aura en outre un grenier dans lequel seront des chambres de domestiques.

« 2.° Deux bâtiments servant de dortoirs, l'un pour les hommes, l'autre pour les femmes. Ces deux bâtiments, composés d'un rez-de-chaussée, sans cave, mais élevé à un mètre au-dessus de terre, ne contiennent qu'une salle chacun.

« Chaque salle, susceptible d'être divisée, sera pour quarante colons; il y aura un cabinet de surveillant, et les dépendances nécessaires pour que les colons n'aient jamais besoin de sortir la nuit.

« Les deux bâtiments seront surmontés de greniers pour serrer des grains et diverses denrées. Le comble est projeté avec une très-grande saillie pour servir à y suspendre et à y tenir divers produits à l'abri de la pluie, et en même temps pour préserver davantage les bâtiments.

« La disposition générale du projet est combinée de telle sorte que, en cas d'agrandissement de la colonie, deux autres bâtiments, en tout semblables aux précédents, puissent être construits au devant de ceux-ci, en formant deux cours à l'usage des colons. Dans ce cas, les deux ailes du bâtiment de l'économat, contenant les salles à manger, seraient prolongées de manière à avoir le double de leur longueur actuelle.

« 3.° Deux étables, chacune de la contenance de soixante vaches; elles seront à deux rangs de bêtes, avec une allée au milieu pour la distribution des fourrages. Il y aura dans chacune deux pièces pour les laiteries et à l'usage des valets, et un grenier à foin. Le toit aura sur les deux côtés une forte saillie pour servir de hangar.

« On ne construirait d'abord ces deux étables que sur la moitié de leur longueur, en réservant l'autre pour le moment où l'établissement prendra plus d'extension.

« 4.° Une grange renfermant deux aires à battre le blé, ayant le toit très-saillant, afin de pouvoir y abriter des voitures et toutes sortes d'instruments et denrées.

« 5.° Deux petits bâtiments, l'un servant de tec à porcs et de bûcher, l'autre contenant la forge, l'atelier du charron et un hangar y attenant, servant aussi d'atelier de réparations.

« 6.° Quatre petits pavillons d'habitation, le n.° 1 pour le surveillant du personnel des colons; le n.° 2 pour le personnel des gens salariés; le n.° 3 pour le surveillant des bestiaux, et le n.° 4 pour le surveillant des terres. Ces quatre pavillons seront placés de manière à pouvoir exercer une surveillance convenable sur les basses-cours, et en général dans toutes les directions de l'établissement.

« 7.° La grande cour de la ferme.

« 8.° Les deux basses-cours, avec deux grandes fosses à fumier, deux puits et deux latrines.

« 9.° Les deux cours déjà mentionnées des colons, chacune avec un petit bâtiment de latrines.

« 10.° Un grand emplacement pour les ébats des bestiaux.

« Les diverses parties que je viens de décrire, composant les bâtiments et cours de la colonie, seraient entourées d'un large fossé qui en formerait l'enceinte. Sur le devant de l'établissement se trouveraient deux parties de vergers et de parterres comprises dans l'enceinte. Du côté du chemin de fer, cet enclos serait bordé par un chemin d'exploitation qui longerait toute la propriété de la ville, et autour dudit fossé se trouverait sur trois côtés la partie des terrains plantés en potagers, laquelle serait limitée par les prairies.

« L'avant-métrage des travaux monte à la somme de 72,985 fr. 10 cent.

Savoir :

Le bâtiment de l'économat.....	16,940^{f}40^c
Deux dortoirs : pour l'un.......	9,554 94
Pour l'autre.................	9,554 94
Une seule étable.............	17,439 78
La grange.................	8,849 55
Le tec à porcs et le bûcher.....	2,785 77
La forge et les ateliers de réparations..................	2,705 00
Les quatre pavillons des surveillants	5,154 72
Somme pareille..	72,985^{f}10^c

Il restera pour compléter le projet d'ensemble :

Deux dortoirs.................	19,109^{f}88^c
Deux annexes aux salles à manger.	4,000 00
Une étable.................	17,439 78
Total supplémentaire......	40,549^{f}66^c

« Pour ne pas être exposé à des mécomptes, je ne devais faire dans mes prévisions que très-peu de fonds sur le travail des colons et calculer l'organisation de l'établissement de manière que l'exploitation puisse marcher même sans leur concours. Cette situation, la plus mauvaise que l'on puisse imaginer, me servira de point de départ. Ainsi j'admets un minimum de recette balancé par le minimum de dépense égal à la recette et à la dépense de la maison de refuge actuelle.

« Le personnel nécessaire se compose d'un économe en chef directeur de l'établissement, d'un agent comptable, de deux valets de ferme en premier, de six valets de labour et d'écuries, et enfin de deux surveillants. Le salaire de ce personnel s'élève à un total de 6500 francs indépendamment des frais de nourriture et d'entretien qu'il devra trouver dans la colonie. Le chiffre moyen de la population de la maison de refuge, calculé sur les données de dix années, est de 110 par an; les frais de nourriture, chauffage, couchage, éclairage et vêtement s'élèvent par tête et par jour à 35 centimes, c'est-à-dire à 127 fr. 75 cent. par an, soit pour 110 individus 14,052 fr. 50 cent. L'addition du salaire du personnel et des frais d'entretien donne une dépense totale et annuelle de 20,552 fr. 50 cent. Le minimum du produit brut d'un hectare de terre, qualité moyenne, est de 200 francs, le maximum dépasse 500 fr. Les cent quarante-sept hectares doivent donner un minimum de produit brut de 29,400 fr.; en déduisant de cette somme celle de 20,552 fr. 50 cent., reste un excédant de recette de 8,847 fr. 50 cent. à valoir sur les dépenses d'entretien de toute espèce, et de salaires de journaliers, s'il en était besoin, etc. Cette somme paraîtra sans doute suffisante pour couvrir toutes les éventualités.

« Je n'ai pas dû faire grand fonds sur les colons ; cependant si leur travail équivaut à la moitié de celui de simples journaliers, il devient facile d'introduire des cultures qui élèveront le produit au maximum ci-dessus indiqué. L'excédant des recettes sur les dépenses, qui serait porté alors à plus de 50,000 fr., permettrait d'améliorer considérablement la situation matérielle des colons, de rétribuer leur travail, de leur assurer un dividende proportionnel dans les bénéfices de l'exploitation, et de constituer un fonds de dotation pour l'établissement. J'espère arriver d'autant plus sûrement à ce résultat, que les travaux seront exécutés avec ensemble et par voie d'association de toutes les forces, en épargnant les pertes de temps et de travail, si fréquentes dans les exploitations morcelées.

« J'ai calculé les recettes d'après une autre base encore ; celle du produit des laits et de la moyenne des productions données par un assolement de quatre années. J'ai puisé les éléments de ce calcul dans les meilleurs ouvrages agronomiques, dans les renseignements qui m'ont été fournis par des cultivateurs éclairés, enfin dans les résultats de ma propre expérience, et je suis arrivé aux mêmes résultats. Mais je ne veux point fatiguer votre attention par trop de détails minutieux.

« Il ne faut pas nous dissimuler que le succès dépendra en grande partie du choix des hommes, c'est donc sur ce point essentiel que nous devons spécialement porter tous nos soins. Le choix le plus important est celui de l'économe en chef. A lui reviendra la tâche la plus difficile et la plus honorable dans l'exécution de ce projet. Des connaissances théoriques jointes à l'expérience pratique, un caractère ferme et sévère, un grand esprit d'ordre, savoir se faire respecter, commander, porter un vif intérêt à la prospérité de l'établissement, telles sont les qualités que je crois indispensables.

« Les questions relatives aux assolements ne pourront être résolues qu'après une première année de culture sarclée. Les statuts de la colonie ne pourront être arrêtés que lorsque l'expérience d'une ou de deux années nous aura fourni des éléments qui nous manquent encore ; mais j'ai intérêt à savoir si vous approuvez les principes que je me propose de suivre dans l'organisation intérieure de la colonie ; je puis être très-concis, car je les ai déjà indiqués en partie, dans les considérations que j'ai présentées.

« La colonie d'Ostwald étant une fondation communale, il n'appartiendra qu'à l'Administration municipale de déterminer les conditions d'admission, et de décider s'il y a lieu ou non d'admettre, sans être lié à des règles trop rigoureuses. Ceux qui sont admis dans l'établissement y trouvent un refuge et du travail ; mais comme on se propose de changer les habitudes vicieuses des colons, de les habituer à l'ordre et au travail, de retremper leur moral, il faut les relever de leur situation dégradée, en leur inspirant la conviction qu'il dépend d'eux de se créer une situation convenable, de s'assurer une part croissante dans les bénéfices des travaux communs, de conquérir enfin certains droits. La dignité de l'homme est dans le sentiment de ses droits, dans l'amour de ses devoirs; il faut que les colons arrivent à l'une par l'autre. Il faut qu'ils considèrent leur admission dans la colonie comme un premier et précieux avantage.

« Je propose de conserver les localités et l'organisation actuelle de la maison de refuge comme maison de dépôt provisoire; la colonie lui fournira ce dont elle a besoin. Le régime alimentaire et disciplinaire de la maison de dépôt provisoire sera donc maintenu; les statuts rédigés par la société fondée pour l'extinction de la mendicité continueront à recevoir leur exécution dans tout ce qui peut se concilier avec l'action que l'Administration municipale doit avoir sur les questions d'admission, de nomination du personnel, de surveillance et de direction générale. L'Administration municipale continuera à s'appuyer sur le concours aussi éclairé que dévoué de la Commission, et je saisis cette occasion pour lui exprimer toute notre reconnaissance. Ses travaux persévérants ont rendu depuis dix années des services éminents à la ville et porté un secours intelligent aux souffrances des classes les plus malheureuses. Je ne présume certes pas trop de l'esprit de charité et de véritable philanthropie qui l'anime, en pensant qu'elle voudra bien accepter pour la maison de dépôt provisoire, vis-à-vis de l'Administration municipale, la position qu'elle avait vis-à-vis des sociétaires, et recevoir de sa part une délégation que jusque-là elle tenait principalement de ces derniers. Vous attacherez sans doute la même impor-

tance que moi à la continuité de cette situation, qui
ne recevra d'autres modifications que celles découl-
lant du caractère communal que l'établissement va
prendre.

« Lorsque des institutions se sont spontanément
formées, qu'elles se sont pour ainsi dire organique-
ment développées, il y aurait une grande présomp-
tion, sinon une grande imprudence à détruire ce
qui est, pour avoir la stérile satisfaction de régle-
menter à neuf. Mieux vaut lier ce qui est à ce qui
doit être, rattacher une institution actuelle à celle
qu'il s'agit de fonder, se servir de l'une, pour en
faire le point de départ qui conduit à l'autre, maintenir ce que l'expérience a démontré utile, unir enfin
dans une action commune tous les dévouements,
rassembler dans un seul faisceau toutes les forces
et les diriger vers un même but.

« Le principe disciplinaire continuera à prédo-
miner dans le régime de la maison de refuge et de
dépôt provisoire, mais ce principe se combinera
cependant déjà avec celui de l'émulation. Les hommes de ce dépôt qui se conduiront bien pourront
espérer être admis dans la colonie, dont le régime
alimentaire, même au dernier degré, sera supérieur
à celui de la maison de refuge.

« Dans la règle adoptée pour la colonie agricole
d'Ostwald, le principe disciplinaire sera secondaire,
et le principe d'émulation et d'excitation devra do-
miner toutes les dispositions réglementaires. Je propose trois degrés dans le régime alimentaire des colons. Le moindre vaudra sensiblement mieux que

celui de la maison de dépôt. L'admission à une table supérieure se fera sur la proposition du directeur, qui prendra à cet effet l'avis des deux valets de ferme en premier, des deux surveillants, et celui des colons les mieux notés de la table à laquelle le récipiendaire doit être admis, réunis un dimanche en commission consultative. La même forme sera observée pour faire descendre un colon d'une table supérieure à une table inférieure.

« Le même classement aura lieu dans la quotité du salaire. Les colons admis aux deux premières tables auront seuls une part proportionnelle à leur classement dans les bénéfices de l'établissement. Les bénéfices se composeront de la moitié de l'excédant des recettes sur les dépenses, l'autre moitié sera capitalisée au profit de l'établissement et formera un fonds de réserve.

« Les travaux dans les jardins, dans les champs, sur les prairies, dans les étables, dans l'office, etc., seront distribués de manière que leur exécution continue se combine avec une grande variété dans les travaux individuels. Tout colon qui, par son application et sa bonne conduite, aura mérité cette faveur, jouira d'une plate-bande qu'il pourra cultiver en fleurs de son choix, et, s'il le préfère, il lui sera assigné une plate-bande dans les pépinières. Le produit de ces plates-bandes pourra être vendu par chaque colon à l'établissement, au prix fixé par l'économe, qui se chargera, soit d'en effectuer la vente sur les marchés de la ville, soit d'en faire tel emploi utile qu'il jugera convenable. Le produit de

la vente est mis immédiatement à la libre disposition des colons ; si le prix obtenu au marché est
supérieur à celui payé au colon, l'excédant sera
réparti par tête entre les colons vendeurs. Le travail des plates-bandes a lieu dans les heures de
loisir déterminées par les statuts ; il est entièrement
libre.

« Je ne veux point entrer dans le détail des dispositions par lesquelles le principe dominant de
l'excitation et de l'émulation sera appliqué, je me
borne à vous proposer dans le même but la fondation de trois fêtes annuelles : l'une au deuxième
dimanche du mois de mai, l'autre au deuxième
dimanche de juillet ; enfin, la troisième au deuxième
dimanche de septembre. A la fête de septembre,
l'Autorité municipale distribuera en primes aux colons qui auront le mieux mérité par leur conduite
et leur travail, les dons en nature que la bienveil-
lante charité de nos concitoyens aura offerts à l'établissement. Les primes seront accordées de préfé-
rence à ceux des colons qui quitteront l'établissement, en justifiant de leur placement dans un établissement agricole.

« La comptabilité sera tenue conformément aux
instructions qui régissent la comptabilité communale, et se centralisera dans les bureaux de la mairie.

« Une commission spéciale, choisie tous les ans
au sein du Conseil municipal, exercera une haute
surveillance sur la colonie, et communiquera à
l'Administration ses vues et le résultat de ses ob-
servations.

« La vente des denrées, provenant de la colonie, sera faite dans la forme des ventes en nature de nos établissements de bienfaisance.

« L'achat des bestiaux destinés à garnir la ferme, sera soumis au contrôle et à l'approbation d'une commission spéciale, composée d'un membre de la commission de surveillance et de deux artistes vétérinaires, présidée par un membre de l'Administration municipale.

« La vente des bestiaux engraissés se fera par voie d'adjudication publique.

« Les statuts définitifs seront arrêtés lorsque l'expérience aura fait connaître les dispositions à ajouter et à modifier. Mais dès à présent il est utile d'attacher spécialement à l'établissement un ministre des divers cultes, un médecin, et d'y établir une école et des lectures.

« En conséquence des développements que je viens de vous présenter, j'ai l'honneur de vous proposer :

« 1.º D'émarger au budget de 1841 un crédit de 14,000 francs pour l'entretien de la maison de refuge, qui, dès ce jour, deviendra un établissement communal, et sera soumis comme tel à l'Administration municipale;

« 2.º De déclarer que la somme de 95,586 francs 33 cent., produit de la vente des coupes et d'une portion de terrain de la forêt d'Ostwald, est spécialement affectée aux constructions dont les plans et devis vous ont été soumis, ainsi qu'aux travaux de nivellement, achat du mobilier nécessaire pour garnir la ferme et autres dépenses de premier établissement;

« 3.º De poser en principe que la colonie agricole d'Ostwald ne sera point assimilée à une maison de dépôt de mendicité, mais conservera le caractère d'une maison de refuge et d'un établissement communal ;

« 4.º De déclarer que vous adoptez les principes exposés et d'après lesquels devront être rédigés les status de l'établissement ;

« 5.º Enfin, de décider que les localités affectées jusqu'ici à la maison de refuge, seront provisoirement conservées, et que ses statuts serviront de règlement à la maison de dépôt provisoire, même après que la colonie sera fondée. »

Le Maire,

F. SCHÜTZENBERGER.

Séance extraordinaire du 17 février 1841, autorisée par
M. le Préfet le 20 janvier dernier.

Présents : MM. Schützenberger, Maire, Président;
Reuss, Haan, Baltzinger, Schuler, Huguelin,
Champy, Hey, Braunwald, Silbermann, Striedbeck, Lipp, Ott, Ehrmann, Weiler, Boersch,
Busch, Bartholmé, Schneiter, Nebel, Fleischauer, Schertz, Lauth (Ch.), Schneegans, Carl,
L'Ange.

Le Conseil, après en avoir délibéré, adopte à l'unanimité les conclusions du rapport de M. le Maire, et décide qu'il sera imprimé à la suite du budget de l'exercice 1841.

Projet.

COLONIE AGRICOLE à OSTWALD (Dép.
de M. F. Schützenberger, Maire.
Plan général.

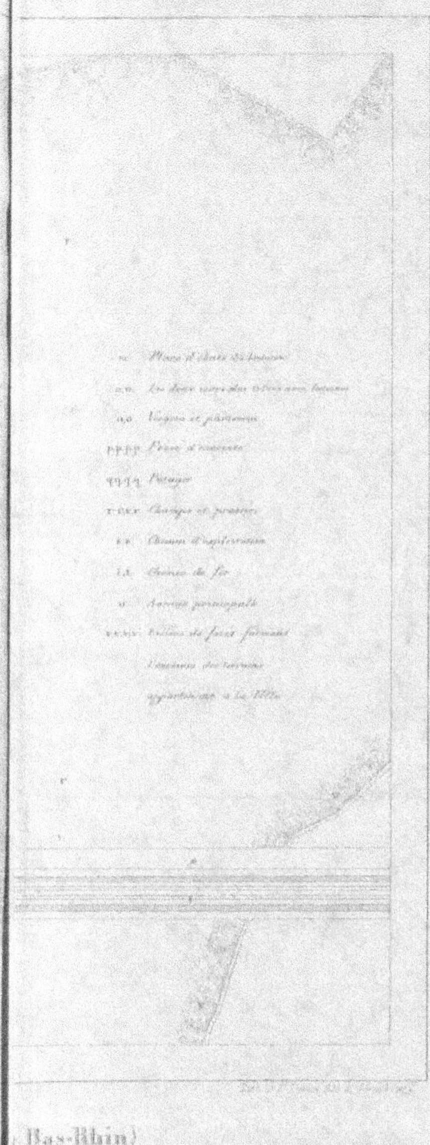
Place d'armes du bataillon
Les deux ... des tribus avec bataillon
Vignes et jardins
Cours d'eau
Pâturages
Champs et prairies
Chemin d'exploitation
Chemin de fer
Routes principales
Lisière de forêt formant
l'enceinte des terrains
appartenant à la Ville
(Bas-Rhin)

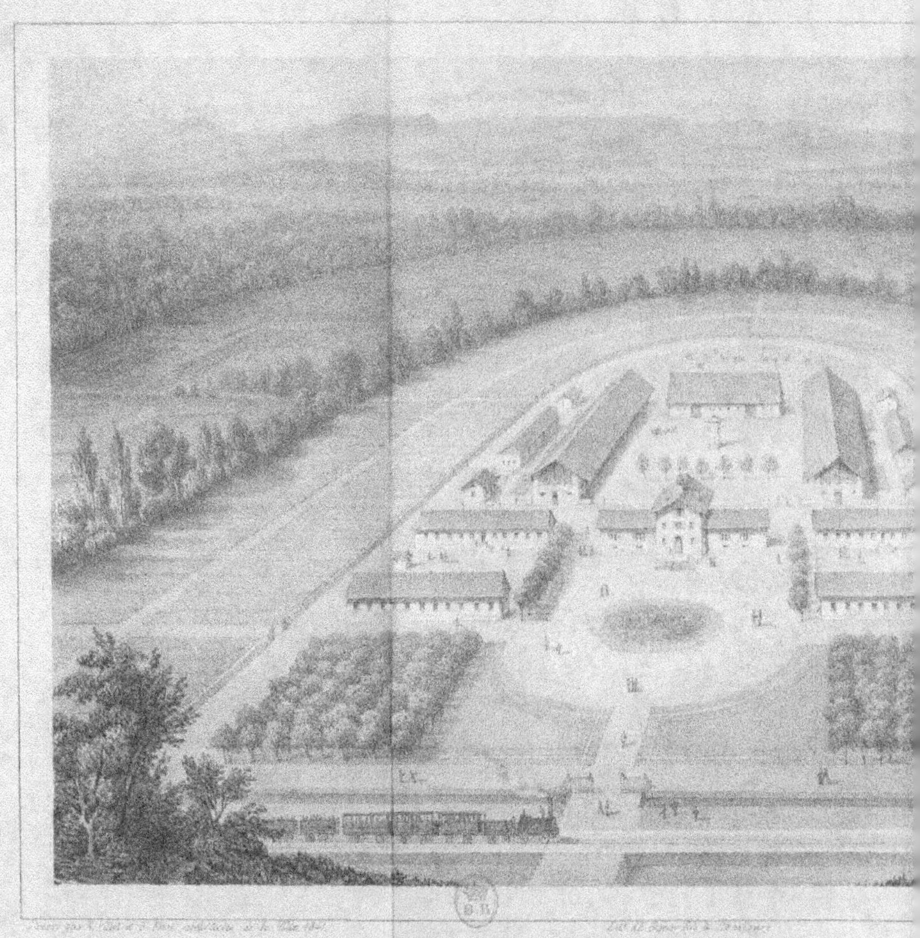

COLONIE AGRICOLE à OSTWALD (B.)

votée par le Conseil municipal de Strasbourg, sur la proposition

de Mr F. Schützenberger, Maire.

Vue générale.

(Dép. du Bas-Rhin)

www.ingramcontent.com/pod-product-compliance
Lightning Source LLC
LaVergne TN
LVHW021759060726
842528LV00003B/1036